Introduction

ON CONNAÎT un peu plus d'une centaine d'éléments chimiques dont chacun est caractérisé par des propriétés particulières. On peut néanmoins les grouper en deux grandes catégories: les métaux et les non-métaux. Ces derniers eux-mêmes se partagent en gaz inertes, en metalloïdes et en éléments dont les propriétés sont intermédiaires entre celles des métaux et des metalloïdes. Un examen plus approfondi a révélé, dés le début du 19e siècle, l'existence de « familles» : celles des métaux alcalins, des métaux alcalinos terreux, des métalloïdes halogènes, des « terres rares», etc. Apres plusieurs essais infructueux de la part de chimistes comme Dbereiner,Newlands et autres, le chimiste russe Dimitri Ivanovitch Mendeleev réussit, en 1869, en étudiant les propriétés physiques et chimiques des quelque 70 éléments connus de son temps, a découvrir des relations étroites entre les propriétés des éléments lorsqu'il les disposait dans l'ordre croissant de leur masse atomique.

Mendeleev remarqua le retour «périodique» des propriétés chimiques, ce qui lui permit de les disposer aussi de façon à faire ressortir les «familles» que ses devanciers avaient déjà reconnues. Le tableau périodique, remanie a maintes reprises depuis que Mendeleev l'a dressé pour la première fois, est vraiment une classification naturelle des éléments chimiques. Il s'est toujours merveilleusement prête a toutes les modifications rendues nécessaires par le progrès de la physique et de la chimie.

Vous trouverez dans les pages qui suivent deux versions qui vous paraitront fort différentes de ce tableau périodique. En fait le second tableau fournit les mêmes renseignements que le premier, mais en insistant davantage sur certains points différents. Dans les deux tableaux, chaque élément est représenté par son symbole chimique. Ainsi, H représenté l'hydrogène ; He, l'hélium ; Li, le lithium. Le petit chiffre au dessus du symbole représente le nombre atomique de l'élément ; ceux qui sont a cote du symbole donnent son poids atomique.. Dans les pages qui suivent se trouve la version «longue» du tableau dont la version « Courte» plus loin. Dans les deux, les éléments sont disposés dans l'ordre croissant de leur nombre atomique. Chaque tableau peut paraitre, à première vue, un ensemble déconcertant de symboles, de nombres et de noms génériques. Il nous sera plus facile de comprendre le tableau si nous n'en étudions d'abord qu'une petite partie. Négligeons pour le moment les deux premiers éléments, l'hydrogène et l'hélium. Voici les seize suivants dans l'ordre : Ces seize éléments commencent avec le lithium, métal actif et léger. Les trois éléments suivants, le béryllium, Be, le bore, B et le carbone, C, sont tous solides et voient leurs propriétés métalliques diminuer progressivement : le carbone est un élément non métallique. Puis nous rencontrons les metalloïdes : l'azote, N, l'oxygène, O et le fluor, F, qui est un élément gazeux, très réactif ; enfin, nous arrivons au néon, qui est un gaz inerte.

Valence+1	Valence+2, valence+3	Valence+/-4
3	4　　　　5	6
Li 7	Be 9　　B 11	C 12
Na 23	12　　　　13	14
	Mg 24　Al 27	Si 28
Métaux légers très actifs	Solides	Non-métaux Solides

Valence-3, valence-2	Valence -1	Valence 0
7　　　8	9	10

N 14 O 16	F 19	Ne 20
15 16	17	18
P 31 S 32	Cl 35	A 40
Métalloïdes	Métalloïdes gazeux, actifs	Gaz inertes

Un fait d'une importance capitale nous frappe dès que nous entreprenons l'étude des huit éléments de la période suivante. Le sodium, Na, est très semblable au lithium, li, Juste au dessus de lui. De grandes similitudes existent entre les membres de 3 chacune des autres paires verticales : Le béryllium, Be, et le magnésium, Mg ; le bore, B et l'aluminium, Al ; le carbone, C, et le silicium, si, et ainsi de suite. La ressemblance entre les éléments de chacune des deux dernières paires d'éléments est frappante : le chlore, Cl, est un gaz très actif, comme le fluor, F, au dessus de lui ; l'argon, A, un gaz inerte comme le néon, Ne.

En tête de chaque colonne, un chiffre indique la valence, ou capacité de combinaison, de chaque paire d'éléments. La variation régulière de la valence, qui passe de + 1pour le lithium à + 4 et –3 pour l'azote jusqu'à 0 pour le néon, montre bien que cette classification résulte de ressemblances naturelles entre les propriétés chimiques et physiques des éléments. Etant donne l'arrangement des atomes, a partir du numéro 3, le lithium, Li, jusqu'au numéro 18,l'argon, A, il est facile au chimiste de prédire la place de l'élément numéro 19, le potassium, K, car il ressemble fortement au lithium, Li, et au sodium, Na. De même, on peut prévoir que sous le fluor, F, et le chlore, Cl, devrait se placer le brome, Br, à cause de sa grande ressemblance avec ces deux éléments. Et la dernière colonne devrait voir apparaitre le krypton, Kr, un gaz noble tout a fait semblable au néon, Ne, et a l'argon, A, il est facile au chimiste de prédire la place de l'élément numéro 19, le potassium, k, car, il ressemble fortement au lithium, Li, et au sodium, Na. De même, peut prévoir que sous le fluor, F, et le clore, Cl, devrait se placer le brome, Br, a cause de sa grande ressemblance avec ces deux éléments. Et la dernière colonne devrait voir apparaitre le krypton, Kr, un gaz noble tout a fait semblable au néon, Ne, et a l'argon, A.

CLASSIFICATION DE NEWLANDS

H 1	F 8	Cl 15	Bo,ni 22
Li 2	Na 9	K 16	Cu 23
Gl 3	Mg 10	Ca 17	Zn 25
B 4	Al 11	Cr 19	Y 24
C 5	Si 12	Ti 18	Ln 26
N 6	P 13	Mn 20	As 27
0 7	S 14	Fe 21	Se 28

Br 29	Pd 36	I 42	Pt,Ir 50
Rb 30	Ag 37	Cs 44	Ti 53
Sr 31	Cd 38	Ba,V 45	Pb 54
Ce,La 33	U 40	Ta 46	Th 56
Zr 32	Sn 39	W 47	Hg 52
Di,Mo 34	Sb 41	Nb 48	Bi , 55
Rh,Ru 35	Te 43	Au 49	Os 51

Complexité des structures atomiques des éléments des longues périodes

Mais il se présente une complication inattendue. Un regard sur le tableau périodique de la page qui suive montre qu'il a beaucoup trop d'éléments entre le potassium et le krypton. Chacune des deux premières rangées, ou périodes, contient huit éléments, d'un métal actif a un gaz noble. Mais la période suivante contient dix-huit éléments, a partir du métal actif, le potassium, k, jusqu'au gaz noble suivant, le krypton, Kr.

Bien loin de signifier que le principe de la périodicité est en défaut, cette complication traduit la complexité des structures atomiques des éléments des longues périodes. L'ordre se poursuit, mais d'une autre façon. Au-dessous de la longue période qui va du potassium au krypton se place une autre longue période de dix-huit éléments, du rubidium, Rb, au xénon, Xe, correspondant, un a un, a ceux de la longue période de dix-huit éléments, du rubidium, Rb, au xenon, Xe correspondant, un a un , a ceux de longue période précédente. Les propriétés de chaque paire verticale, K et Rb, Cs et Fr, et ainsi de suite, sont remarquablement semblable, mais les deux premiers et les deux derniers éléments de deux longues périodes correspondent bien a leurs homologues des deux courtes périodes. Les ressemblances sont beaucoup moins frappantes entre les éléments «intermédiaire» des longues périodes et ceux des courtes périodes. Notons cependant que, d'un élément au suivant, dans une longue période, les propriétés varient de façon régulière. Nous verrons plus loin comment la structure atomique exprime tout cela.

Le groupe[2] VIII, au milieu de chaque longue période, contient des triades ou groupements de trois éléments.

La première longue période présente trois éléments aux propriétés très voisines : le fer, Fe, le cobalt, Co, et le nickel, Ni. La triade qui suit est faite du ruthénium, Ru, du rhodium, Rh, et du palladium, Pd. La troisième longue période contient aussi une triade : l'osmium, Os, l'iridium, Ir, et le platine, Pt.

L'étalement des longues périodes dans le tableau de la page suivante dans laquelle ces périodes sont comme repliées sur elles-mêmes, est plus commode. Au-dessus des éléments types des courtes périodes viennent se placer ceux des longues périodes viennent se placer ceux des longues périodes .La triade fe, Co, Ni, du groupe VIII se place a droite des sept premiers éléments. On recommence au groupe I, Avec le cuivre, Cu ; puis le zinc, Zn, au groupe II, et ainsi de suite, jusqu'au brome, Br, au groupe VII, suivi d'un gaz noble, le Krypton, Kr, au groupe O. On voit que, dans cet arrangement, chaque d'une groupe d'une longue période est divise en deux sous-groupes, a et b.

Caractères de certains éléments entre groupes et sous-groupes

Dans la forme condensée du tableau périodique, les périodes courtes commencent respectivement avec le lithium, Li, et le sodium, Na. Puis, dans le sous-groupe a, nous trouvons le potassium, K, le rubidium, Rb, et le césium, Cs, qui ressemblent fortement au lithium et au sodium. Le sous-groupe b de la famille I contient le cuivre, Cu, l'argent, Ag, et l'or, Au. Ceux-ci sont relativement inertes, contrairement au lithium et au sodium, qui sont très actifs. Leur seul point commun avec les autres, c'est que leur valence est généralement + 1, par conséquent, les éléments-types des courtes périodes du groupe I sont plus apparentes aux éléments du sous-groupe a qu'a ceux du sous-groupe b.

Le cas est le même pour le groupe VII le fluor, F, et le chlore, Cl, sont remarquablement semblables au brome, Br, et a l'iode, I, du sous-groupe a. Les éléments du sous-groupe b, le manganèse, Mn le technétium, Tc, et le rhénium, Re, sont des métaux, donc fort différents des metalloïdes du sous-groupe VII a ; il existe cependant certaines similitudes dans le comportement chimique des éléments des deux sous-groupes.

En résumé : les deux premiers éléments de chacun des groupes I et II ressemblent surtout aux éléments du sous-groupe a ; il en est de même pour ceux des groupes VI et VII qui ont des caractères plus voisins de ceux du sous-groupe a .Vers le milieu du tableau périodique, surtout pour le groupe IV, il est plus difficile de dire quel est le sous-groupe dont les éléments sont les plus semblables aux éléments des périodes courtes.

Examinons maintenant les deux éléments négligés au début de notre présentation du tableau périodique, l'hydrogène a généralement la valence + 1.comme les métaux du groupe I, mais sa ressemblance avec les métaux se limite là, car c'est un gaz. Comme sa valence est parfois -1, il aurait un certain degré de parente avec les metalloïdes du groupe VIII, qui ont la même valence. Dans les deux tableaux, nous avons relie l'hydrogène aux deux groupes I et II pour montrer qu'il se rattache en même temps aux deux groupes.

Cette très courte période se termine aussi par un gaz noble, l'hélium, He, place au groupe O.

Nous avons maintenant cinq périodes : une très courte (deux éléments), deux courtes (huit éléments), deux longues (dix-huit éléments). Nous rencontrons maintenant une autre complication.

A la troisième longue période, l'astérisque suivant le lanthane, la, renvoie à une série de 14 éléments, les lanthanides ou terres rares, commençant avec le cérium, ce, et finissant avec le lutécium, Lu, dont les propriétés chimiques sont si voisines qu'il est très difficile de les séparer. Apres le lutécium, la période reprend pour se terminer par un gaz inerte, le radon, Rn. Cela fait une très longue période de 32 éléments. Dans la quatrième période, un double astérisque, après l'actinium, renvoie au bas du tableau, aux actinides qui sont tous radioactifs et dont le nombre peut encore s'accroitre.

La périodicité dépend des couches de l'atome

Voici comment la structure atomique traduit les complications que nous avons rencontrees.les éléments sont ranges dans le tableau périodique dans l'ordre croissant de leur nombre atomique qui est égal au nombre des protons ou charges positives du noyau. Ces charges positives du noyau. Ces charges positives sont neutralisées par un nombre égal d'électrons gravitant autour du noyau et repartis sur les couches successives, de plus en plus éloignées du noyau. Seuls les électrons situes sur les couches externes ou périphériques sont responsables de la valence des éléments.

Chaque période, courte ou longue, se termine par un gaz inerte dont la couche externe est remplie. Entre deux gaz rares, chaque élément possède un électron de plus que le précédent et un de moins que le suivant. Dans les courtes périodes, chaque nouvel électron de plus que le précédent et un de moins que le suivant. Dans les courtes périodes .chaque nouvel électron vient se placer sur la couche périphérique. Il n'en est pas de même pour les longues périodes contenant 18 et même 32 éléments. Voyons ce qui se passe dans la première longue période. La structure de l'argon, après lequel elle commence, se présente ainsi : deux électrons sur la première couche, huit électrons sur la deuxième et huit sur la troisième. Avec le potassium, un électron commence la quatrième couche : avec le calcium il y en a deux. Puis, avec le candium, qui est un élément du groupe III a, le nouvel électron, au lieu de se poser sur la quatrième couche, va sur la troisième qui lorsqu'elle n'est plus la couche périphérique, peut contenir jusqu'à 18 electrons.la même chose se produit pour chacun des neuf éléments suivants qui, jusqu'au zinc, sont tous des éléments des groupes b. Avec le gallium, Ga, les électrons successifs recommenceront de se placer sur la couche périphérique jusqu'au krypton avec lequel elle atteint son complément de huit électrons.

La même chose se produit après le krypton dont les couches contiennent 2, 8, 18 et 8 électrons. Après le Strontium, Sr, de l'yttrium, Y, au cadmium, cd, 10 électrons se placent sur la quatrième couche avant que, de l'indium, In, au xenon, xe, la cinquième se remplisse. Le xenon, Xe, la cinquième se remplisse. Le xenon a la structure : 2, 8, 18, 8 électrons. Viennent ensuite le césium, Cs, et le baryum, Ba, qui placent respectivement un et deux électrons sur la sixième couche. Avec le lanthane, le nouvel électron vient se poser sur la cinquième couche capable d'en contenir au moins 18, puis lorsque viennent le cérium et ses treize compagnons, leurs quatorze électrons se posent successivement sur la quatrième couche qui peut accommoder puisqu'il faut 32 électrons pour le remplir.

L 'électron du hafnium, Hf, qui suit le lutécium, continue de remplir la cinquième couche jusqu'à ce qu'elle en possède dix-huit avec le mercure, Hg. Avec le thallium, TI, la sixième couche recommence a se compléter jusqu'à ce que le gaz inerte Rn possède huit électrons périphériques. Sa structure est 2, 8, 18, 32, 18, 8 électrons. On ignore encore combien la cinquième couche, lorsqu'elle est interne, peut contenir d'électrons, peut-être 32, mais les actinides, c'est elle qui reçoit leurs électrons tout comme la quatrième a reçu ceux des lanthanides.

L'accumulation d'électrons sur les $3^{\text{ème}}$, $4^{\text{ème}}$ et $5^{\text{ème}}$

Couches est due a ce que la charge positive du noyau, a mesure qu'elle augmente, peut retenir autour de celui-ci un plus grand nombre d'électrons.

Les éléments qui suivent l'uranium, U, jusqu'au lawrencium de numéro atomique 103, n'existent pas, que nous sachions, a l'état naturel. Ils sont tous radioactifs et on les a obtenus artificiellement en bombardant des éléments lourds et radioactifs déjà connus avec des particules élémentaires. Cette présentation sommaire du tableau périodique montre combien il est utile pour orienter les recherches les recherches des chimistes vers des découvertes remarquables. Celle des fréons, par Thomas Midgley fils, en est un exemple frappant. Voyant que tous les agents de réfrigération connus-gaz carbonique, CO_2

Ammoniac, NH_3, gaz sulfureux, SO_2 chlorure de méthyle CH_3CL –étaient faits d'éléments légers se trouvant dans la partie supérieure et sur le cote droit du tableau, il en conclut que des composes du fluor sériaient encore plus efficaces et probablement non toxiques.(voir la position du fluor dans le tableau.) Il synthétisa plusieurs composes organiques du fluor, non toxiques, et dont les bas points d'ébullition convenaient aux besoins de la réfrigération convenaient aux besoins de la refrigeration.il s'agit des fréons dont le plus connu est certainement CCl_2F_2 le dichlorodifluoromethane.

CLASSIFICATION PERIODIQUE DE MENDELEEV

Groupe I	Groupe II	Groupe III	Groupe IV
H=1			
Li=7	Be=9.4	B=11	C=12
Na=23	Mg=24	Al=27.3	Si=28
K=39	Ca=40	-=44	Ti=48
Cu=63	Zn=65	-=68	-=72
Rb=85	Sr=87	?Yt=88	Zr=90
Ag=108	Cd=112	Ln=113	Sn=118

Cs=133	Ba=137	?Di=138	?Ce=140
-	--	--	--
-	-	?Er=178	?La=180
Au=199	Hg=200	Tl=204	Pb=207
-	--	--	Th=231

Groupe V	Groupe VI	Groupe VII	GroupeVII
N=14	O=16	F=19	
P=31	S=32	Cl=35.5	
V=51	Cr=52	Mn=55	Fe=56,Co=59 .Ni=59
As=75	Se=78	Br=80	
Nb=94	Ma=96	---=100	Ru=104,Rh= 104,Pd=106
Sb=123	TE=125	I=127	
--	--	--	----
--	--	--	------
Ta=182	W=184	--	Os=195,Ir= 197,Pt=198
Bi=208	---	--	
--	U=240	--	---

En classant les 70 éléments connus a son époque dans l'ordre croissant de leur masse atomique, mendeleev nota que les propriétés de certains atomes ne retrouvaient périodiquement dans d'autres atomes ; il repartit alors les éléments en huit familles.

Le tableau périodique (Forme, longue)

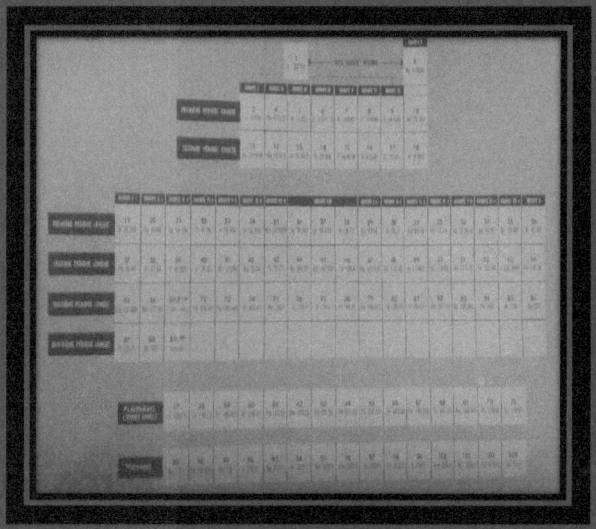

Le tableau périodique

(Forme courte)

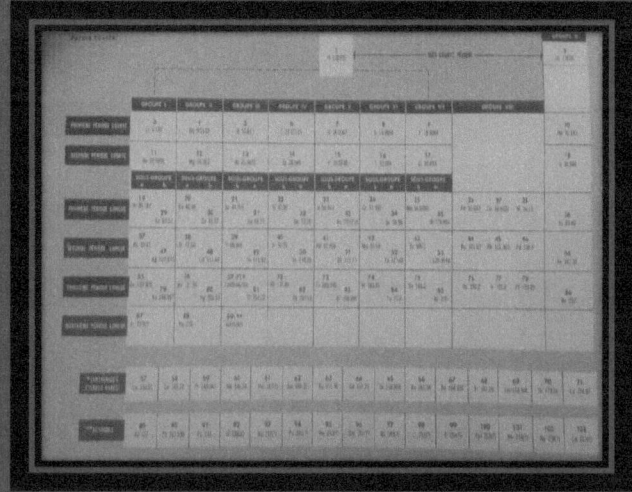

www.ingramcontent.com/pod-product-compliance
Lightning Source LLC
Chambersburg PA
CBHW031511210526
45463CB00008B/3189